看得见的文明史

——中世纪大教堂——

[英]菲奥纳·麦克唐纳/文

[英]约翰·詹姆斯/图

刘勇军/译

知識出版社

图书在版编目（CIP）数据

中世纪大教堂 /（英）麦克唐纳著；刘勇军译. --
北京：知识出版社，2015.9
（看得见的文明史）
书名原文：A Medieval Cathedral
ISBN 978-7-5015-8770-4

Ⅰ.①中… Ⅱ.①麦… ②刘… Ⅲ.①教堂—建筑史
—欧洲—中世纪—通俗读物 Ⅳ.①TU-098.3

中国版本图书馆CIP数据核字(2015)第191513号

著作权合同登记号　图字：01-2015-0192

A Medieval Cathedral © The Salariya Book Company Ltd 1991

绿色印刷　保护环境　爱护健康

亲爱的读者朋友：
　　本书已入选“北京市绿色印刷工程——优秀出版物
绿色印刷示范项目”。它采用绿色印刷标准印制，在封
底印有“绿色印刷产品”标志。
　　按照国家环境标准（HJ2503-2011）《环境标志产品
技术要求 印刷 第一部分：平版印刷》，本书选用环保
型纸张、油墨、胶水等原辅材料，生产过程注重节能减
排，印刷产品符合人体健康要求。
　　选择绿色印刷图书，畅享环保健康阅读！

北京市绿色印刷工程

看得见的文明史——中世纪大教堂

著　　者　［英］菲奥纳·麦克唐纳
绘　　者　［英］约翰·詹姆斯
译　　者　刘勇军
策划监制　敖　德
责任编辑　李默耘
特约编辑　青　英　徐岱楠　火棘果子
美术编辑　李困困　李跃冉　森　林
出版发行　知识出版社
地　　址　北京市阜成门北大街 17 号
邮　　编　100037
电　　话　010-88390603
网　　址　http://www.ecph.com.cn
印　　刷　北京尚唐印刷包装有限公司
经　　销　全国新华书店
开　　本　889 毫米 ×1194 毫米　1/16
印　　张　3
版　　次　2015 年 9 月第 1 版
印　　次　2015 年 9 月第 1 次印刷
书　　号　ISBN 978-7-5015-8770-4
定　　价　19.80 元

（图书如有印装错误请向印刷厂调换）

目录

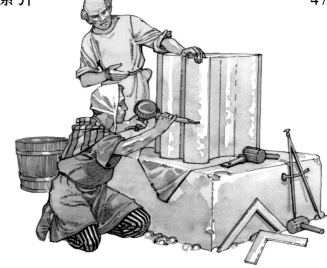

引言

现如今，我们仍然可以在欧洲各地看到一座座壮丽的中世纪大教堂。除了那些特别高的现代办公楼，没有哪座建筑能够高过这些中世纪的大教堂。那些"石制的祷文"已经存在了几个世纪之久，并且依旧以其宏大的规模和雄伟壮阔的气势震撼着我们。我们称道着这些大教堂的壮美，对修建这些大教堂的石匠和木匠高超的技艺啧啧称奇。我们研究它们，从中了解历史，我们倾心劳力，只为了能让它们保存下去，不致衰败，或受到污染破坏。我们尊它们为圣地，人们在这里祈祷，赞美上帝。本书中出现的大教堂大都建于中世纪，这是欧洲兴建教堂的黄金时代。当然，中世纪之后，人们也没有停止建造大教堂，如今，宏伟且全新的大教堂仍在建造当中。和以前一样，大教堂仍然代表着教会的权势和权威，教会的权力和荣耀似乎也将永存。

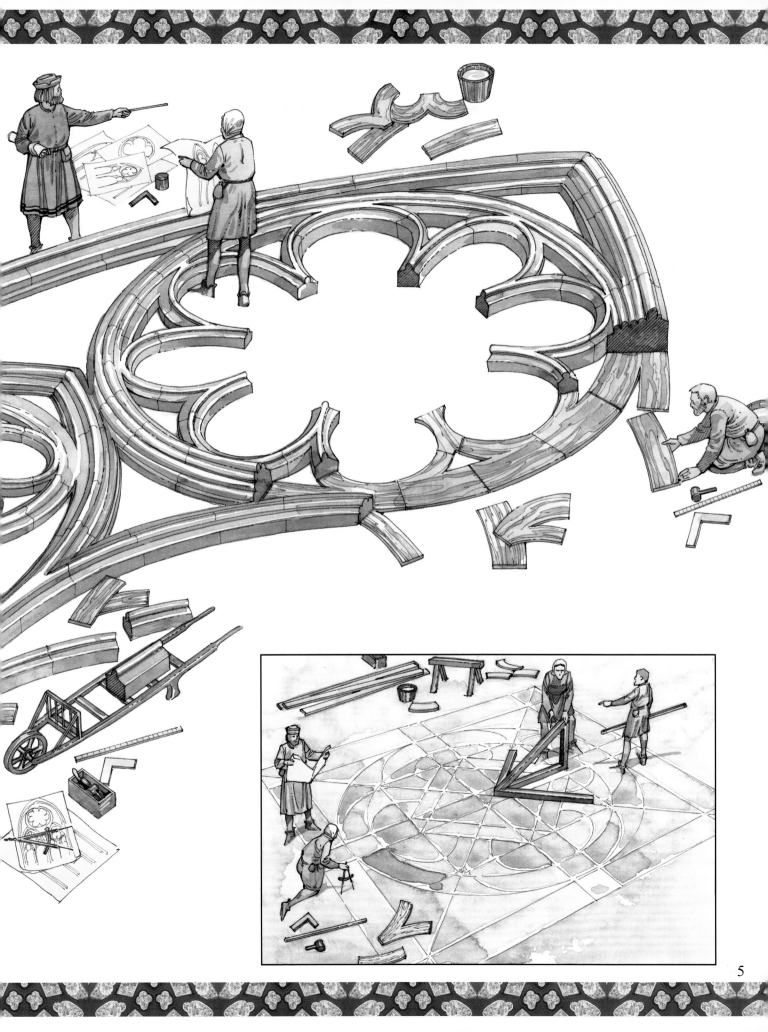

选址

同现在一样，中世纪的基督教世界被划分成为不同的区域（称为"主教管辖区"或"教区"），从而便于教会领导和管理。每一个教区都由一位主教管理，所谓主教，就是高级神职人员。中世纪的主教往往是贵族或出身于富有家庭。很多主教都接受过良好教育，能力出众，积极主动，有的还参与领导和管理其教区所属的国家。并非每一位主教都勤勤恳恳地履行宗教职责，有些主教利用他们手中的权力来实现个人野心，牟取更多的财富和权力。

大教堂是主教的办公总部。主教宝座是教会权力的象征（希腊语为cathedra）。主教宝座装饰有浮雕，富丽堂皇，位于大教堂中最神圣的地方，在宗教仪式期间，主教就坐在宝座上。中世纪的主教会选择在其教区内的重要城镇建造大教堂。一般情况下，一座大教堂会建在从前小教堂的遗址上，从前的小教堂内若存有圣物，或由圣人建造，其所在的地方就更会得到青睐。

建造大教堂的钱大都自捐赠物，包括土地、农场、房屋、珠宝、金币和银币。人们相信，向教会捐赠有助于他们洗脱罪孽。

主教游说富有的国王、亲王和贵族捐赠土地和钱财，以兴建大教堂。

兴建和维护一座大教堂需要大笔资金。需经常对大教堂进行修缮，屋顶的修缮尤为重要。

许多大教堂都建在从前较小教堂的遗址上。年复一年，主教为大教堂建造了新的宏伟的附属建筑，用来给神职人员居住。有时候要拆掉民居和商店，以便腾出空间，这可能引起主教和当地居民之间的冲突。

教堂建筑变迁面面观：古罗马大厅，二世纪。

627年，早期的祈祷室（用来祷告的地方），木质结构，带有简单的门廊和窗户。

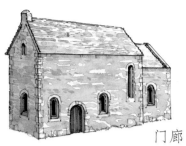

七世纪，用石头建成的教堂，带有圆拱形大门和窗户。

门廊

大约780年，较大的石砌教堂，带有半圆形后殿和起保护大门作用的门廊。

半圆形后殿

于1200年左右制作完成的主教宝座，存于英国的坎特伯雷大教堂内，用来替换旧的主教宝座。

工人正在清理场地，以便兴建新教堂。

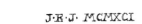
J·F·J· MCMXCI

大教堂建筑

中世纪欧洲各地都在兴建大教堂，此后随着基督教影响范围的扩大，全世界都开始建造大教堂。不论地处何地，每一座大教堂都具有相同的宗教功能，而且多年以来，大教堂的宗教功能从未改变。正如五世纪的一位作家写到的那样："建造一个主教宝座，面向东方，左右为神父的位置……还应建造一座祭坛……"

所有大教堂内都有主教宝座、神职人员的位置（后称为唱诗班席）和祭坛（主教和神父在这里主持弥撒）这三大主要元素。随着时间的推移，为了满足神父和教徒的需要，大教堂中又增添了一些其他元素，包括：中殿，普通教徒可以站在这里；小圣堂，用来存放圣徒的圣物；给圣母玛利亚的圣台；以及用来悬挂教堂大钟的塔楼和尖塔。许多欧洲大教堂有附属的修道院，主教宅邸也建在大教堂附近。

根据大教堂建筑师的创造才能、当时的流行时尚以及出资人的品位，中世纪的大教堂具有多种建筑形式。本书中收录了很多不同的中世纪大教堂建筑典范。

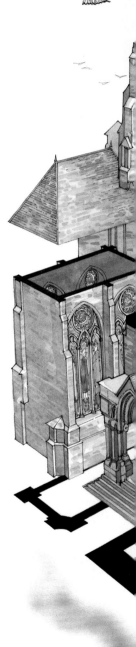

大教堂关键元素

1.侧廊 中殿向侧面延伸的部分。（这个词来源于法语古语）

2.拱廊 一排拱门，由立柱支撑。

3.扶壁 石制支撑物，以免墙壁在屋顶的重压下向外坍塌。

4.钟楼 悬挂大钟的塔楼，一般都位于大教堂的西端。钟声一响，教徒就知道该去做礼拜了。

5.高侧窗 高处的一排窗户，用来为大教堂增加采光。

6.唱诗班席 大教堂内最神圣的尽头位置，距离祭坛最近。在宗教仪式期间，大教堂的神职人员都站在唱诗班席里。

7.飞拱 狭窄且雅致的扶壁，半拱形。

8.地基 深入地下几米的坚固平台。

9.中殿 大教堂的主体，教徒或站或跪在这里，参加宗教仪式。

10.门廊 为教徒和神职人员挡风遮雨。

11.屋顶 用铅覆盖，有时候用石板瓦或瓷砖覆盖，框架由木椽组成。

12.玫瑰花窗 一个巨大的圆形窗户，上面由闪亮的玻璃组成各种图案。玫瑰花窗象征着永恒。

13.尖塔 在一个或多个塔楼顶上修建的高高的带尖结构。尖塔由木料制成，表面覆盖着铅片或木瓦。尖塔顶上一般都有一个金风标或十字架。

14.耳堂 与教堂主体交叉延伸出来的一片区域，通常位于中殿和唱诗班席相交的位置。耳堂中有为神职人员准备的更衣室和用来存放圣徒圣物的小圣堂。

15.拱顶 屋顶下部的拱形部分，教徒在大教堂内举目观望时就可以看到这部分建筑结构。

采石

最早的教会采用木料，或当地最容易得到、最便宜的材料来建造教堂。但渐渐地，教会的权势越来越大，财富也越来越多。越来越多的人开始追随教会，他们感觉自己可以遵循教会的教义。主教和神父开始建造全新的、更宏伟的教堂。为了实现这个目标，他们会选用最好、最耐用的材料。在条件允许的情况下，他们就会选择建造石砌大教堂。

工人把采石场开采面的石头劈砍下来，并采用由人或动物拉动的升降架和滑轮，费力地把石头拖拉到地面之上。采石工作既繁重又危险，采石工人会患上因灰尘和有毒气体而导致的疾病，还经常因为岩石滚落或塌方受重伤。这种工作虽然危险异常，但工钱却极低。

欧洲最好的建筑石料来自于法国。这些石料特别贵，很大程度上是因为把石

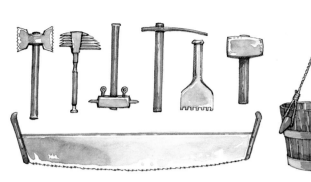

石匠的工具（从左至右）：用来采石和把石头塑造成形的镐和斧头；修琢石面 的锤头和凿子；切割石块的锯子；带有耳状柄的桶（用来吊石头）。

开采面

凿挖石镐

料从采石场运到建筑现场成本高昂。1287年，英国的诺里奇大教堂的建造者从法国卡昂订购了大量石料，此地在法国北部480千米处。石料本身的价值是1英镑6先令8便士（1.33英镑），可装卸和运输的成本为3英镑2先令（3.1英镑），这几乎是石料价格的两倍。

许多采石场都设有铁匠工场，用于现场制造、修理和磨快劈凿石料的铁制工具。

石匠在棚屋（简单的小屋）内工作，这样的小屋仅可以挡风、遮雨和抵挡烈日，在采石场工作的人可以在这里休息和见面。

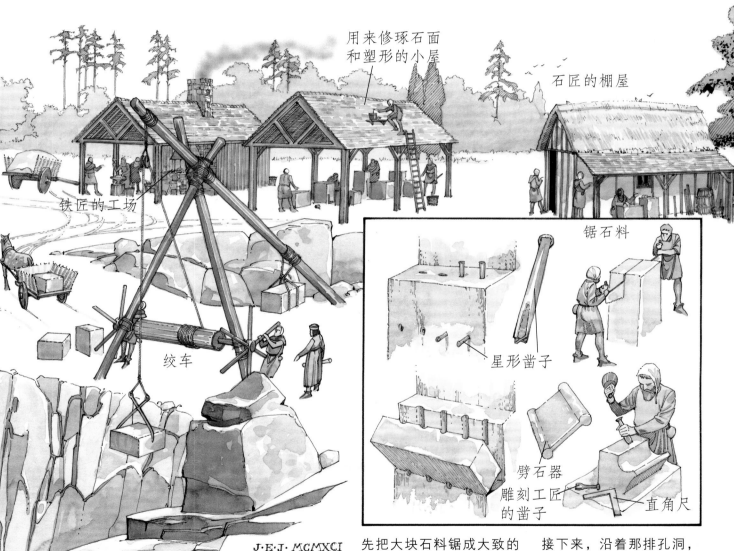

用来修琢石面和塑形的小屋

石匠的棚屋

铁匠的工场

绞车

锯石料

星形凿子

劈石器

雕刻工匠的凿子

直角尺

J·E·J· MCMXCI

采石场是非常危险的地方。工匠通过木脚手架和梯子向下爬到开采面上。洪水和塌方经常引起事故。

先把大块石料锯成大致的形状，这是非常繁重的工作。然后石匠使用星形凿子和重锤在大块石料的表面开凿出一排孔洞。

接下来，沿着那排孔洞，把一种名为劈石器的金属工具凿进石料里。这样就可以把石头整齐划一地劈开。最后，雕刻工匠用精细的凿子和较轻的槌进行塑形。

地基

在建造中世纪大教堂时，第二大重要的建筑材料就是木材。橡木是最好的木料，美观、坚硬、结实，可以使用数百年。和优质石料一样，橡木的价格很贵，运输费用更贵。

在条件允许的情况下，人们就会直接通过水路运输木料，因为在中世纪，若要运输沉重的东西，这种方式最简单、最便宜，还可以把木料装到马车或牛车上，沿着崎岖的道路拉到最近的港口。

松木或桦木等较轻且耐用性差一些的木料被用来制造脚手架、梯子和各种建造大教堂所需的升降工具。当然，用来运输石料和木料的船只和车本身也都是由木头制成。

挑选和运输木料、石料的同时，在建筑现场的工匠则忙着打造地基。建成一座大教堂或许需要数百年时间，但总体造型往往一开始就策划好了。

使用绳索和木栓标注出新教堂的地基位置，以便工匠凭此挖掘基坑。

中世纪的测量员可没有现代的工具。为了画出直线和方角，他们会用直角三角形来测量。

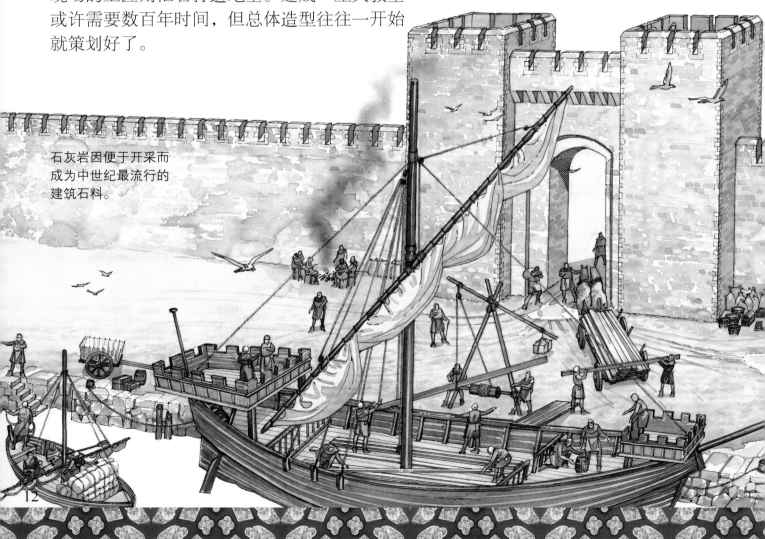

石灰岩因便于开采而成为中世纪最流行的建筑石料。

12

右图：一座典型大教堂的平面图，可以看到墙壁和窗户，以及支撑屋顶的立柱的所在位置。西端有一段走廊，被称为门廊，东端有一个半圆形空间，被称为半圆形后殿。中殿是普通教徒或站或跪参加宗教仪式的地方，而大教堂的神职人员站在唱诗班席里。耳堂里附设一些小圣堂（祈祷的地方），在中殿和唱诗班席相交之处的上方建有一座中央塔楼。大教堂下面必须有非常深的地基，才能支撑住大教堂的庞大重量。

建造一座大教堂需要数千棵树。橡木是最好和最坚固的木料，可在十二世纪，橡木就已经是稀少和昂贵的木料了。在法国，人们抱怨大片的橡树林被砍伐后用作建筑用途。

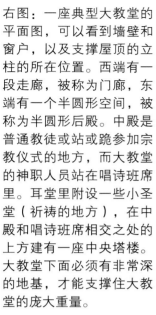

唱诗班席
半圆形后殿
中殿
侧廊
门廊
耳堂中的
小圣堂
中央塔楼

有时候，大教堂会在地下建造小圣堂，称为地下墓室，是圣徒遗体的永久安息地。至今仍可在许多中世纪的大教堂内看到这样的地下墓室。

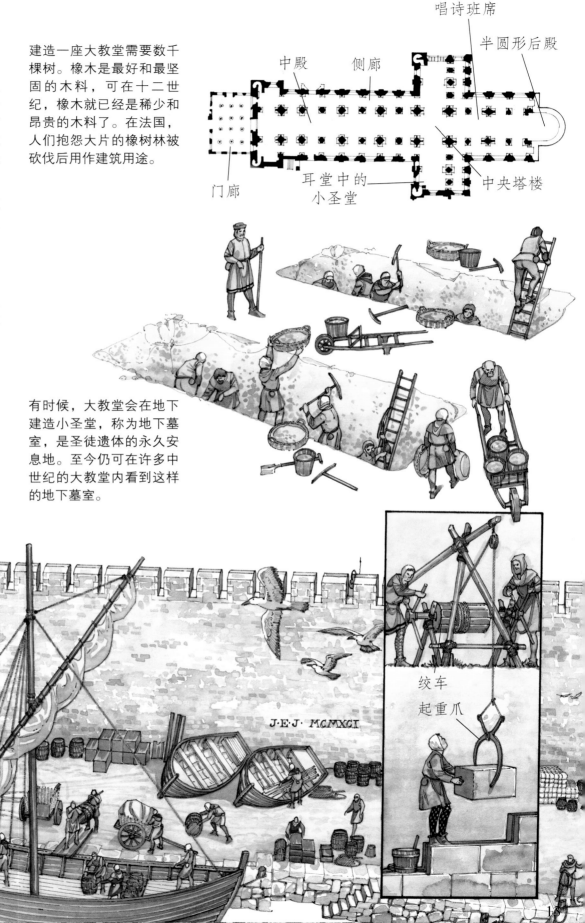

J·E·J· MCMXCI

绞车
起重爪

13

工匠

建筑师和石匠领班负责计划和监督建造工作。

石匠领班

建筑师

切石匠领班

劳工

劳工把石料从马车和驳船上搬到建筑现场。

切石匠领班根据不同用途选择适用的最好的大块石料。

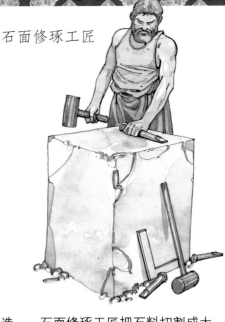

石面修琢工匠

石面修琢工匠把石料切割成大致的形状，以便雕刻工匠进行雕刻。

中世纪的大教堂建造于数百年前，至今依然是世界上最大的建筑之一。除了一些例外情况，大多数大教堂的墙壁、塔楼和地基几个世纪以来一直坚固如初，大教堂壮美的建筑，创新的设计，依旧带给人们震撼，让人们津津乐道。

负责规划大教堂布局和建造的人被称为建筑工程师（在中世纪，女性没有机会学习建筑，或在建筑工地工作）。这些建筑师技艺精湛，一旦出了名，全欧洲都会争着找他们去建造教堂。

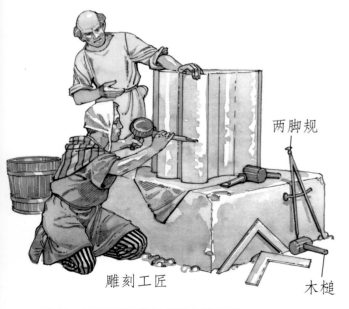

两脚规

雕刻工匠

木槌

雕刻工匠把石料雕琢成漂亮精致的样式，用来制造窗户框架、门和拱形结构。

木匠制造坚固的框架，用来在建造窗户和拱形结构时支撑这些地方。

大部分大教堂的屋顶采用木制，巨大的橡木被制成横梁和椽。

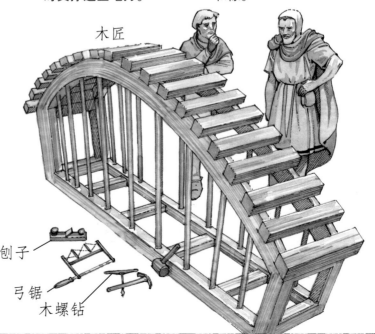

木匠

刨子

弓锯

木螺钻

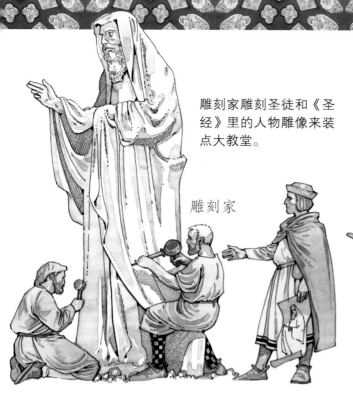

雕刻家雕刻圣徒和《圣经》里的人物雕像来装点大教堂。

雕刻家

泥水工

砂浆用于把石料贴合在一起。砂浆是沙子、生石灰和水的混合物，泥水工使用木铲将这些东西混合在一起。

举例来说，在1129年，建筑师雷蒙德和大主教达成了用工协议。每一年他将得到6枚银币、36匹布、17车木料、尽其所需的鞋子和有绑腿的高统靴，外加每月2先令、1份盐、1磅制作蜡烛的蜡——这可是当时昂贵的奢华享受。

石匠、雕刻工匠、木匠、铁匠、修建屋顶的工匠和装玻璃的工匠都有薪水可得。在十四世纪初的英国，石匠领班的周薪是20便士，大约是农夫每周赚到的钱的两倍。在建筑工地，劳工、苦力、学习技艺的学徒共同协助工匠建造大教堂。

铁匠修理和磨快建筑工具，还要制造装饰性的铁制品。

修建屋顶的工匠

吹玻璃工匠制造手工玻璃，用来装饰大教堂的窗户。

彩色玻璃工匠设计和制造彩色玻璃窗。

吹玻璃工匠

彩色玻璃工匠

铁砧

铁匠

J·F·J·MCMXCI

铅匠在大教堂屋顶上覆盖铅片，起防水作用。

15

石雕窗格

一旦大教堂的地基打造完毕，建筑师和石匠领班就要设计和建造墙壁和窗户。墙壁、支柱和窗户都要具有双重功能：结构必须坚固、结实，足以支撑大教堂的屋顶；同时还要美观。建筑师负责设计，可能会在羊皮纸上画出草图，并从他所见过的其他建筑中借鉴一些特色。随后，设计师会在一个有屋顶的大屋（描摹室）地面上将他的设计描摹出来，石匠就可以将之作为实物大小的模型，雕刻精巧的石制结构。

为了制造最错综复杂的石制结构，石匠首先要制造木制模板或模型，按此制造石制结构。错综复杂的石制结构要经过拼合、修整或调整，以达到完美契合的程度。技艺最为精湛的工匠完成最复杂精巧的石料雕刻工作，学徒或技艺不那么精湛的工匠做窗户和拱形结构中较为简单的部分。

木制模板

画出雕花窗格的设计样式。在描摹室内铺薄薄一层石膏，根据设计师的草图，在石膏上画出拱形结构和雕刻支柱的样式，由此来进行实物复制。

中世纪的建筑师和石匠经常要根据大教堂的结构制造出实物大小的立体模型。这是因为当时他们不懂数学原理，比如几何学和三角学。而凭借这些知识，当今的设计师只需要画出小型的平面图，施工人员就能进行实际建造工作。

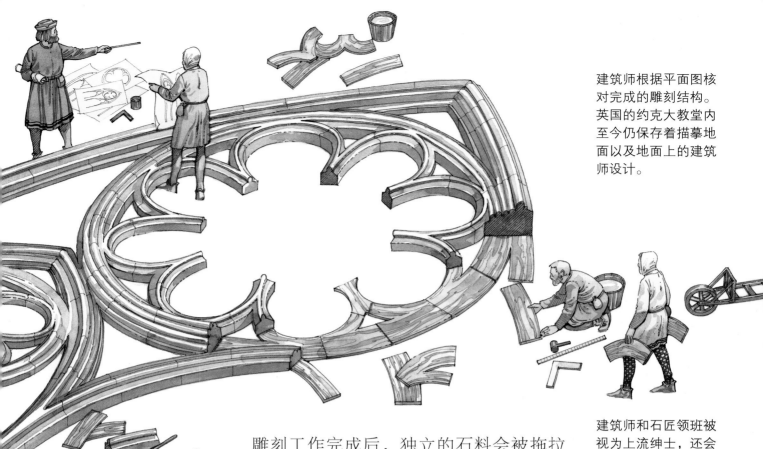

建筑师根据平面图核对完成的雕刻结构。英国的约克大教堂内至今仍保存着描摹地面以及地面上的建筑师设计。

雕刻工作完成后，独立的石料会被拖拉到既定位置，用一层水、沙子和生石灰混合而成的砂浆牢固地固定在一起，这样就能造出可以长久使用的结构了。

建筑师和石匠领班被视为上流绅士，还会被邀请到王宫或贵族家中。他们写信和收信，拥有庄园和采石场，并且死后会入葬高级墓地。

J·E·J·MCMXCI

复杂精巧的石雕，如右图的这个门道，上面装饰有圣徒和天使的雕刻，需绘制平面图，并在描摹室地面上画出图形。然后，匠人领班和雕刻家制造出这个设计的不同部分，随后将之组装成整体，运送到所需的位置。

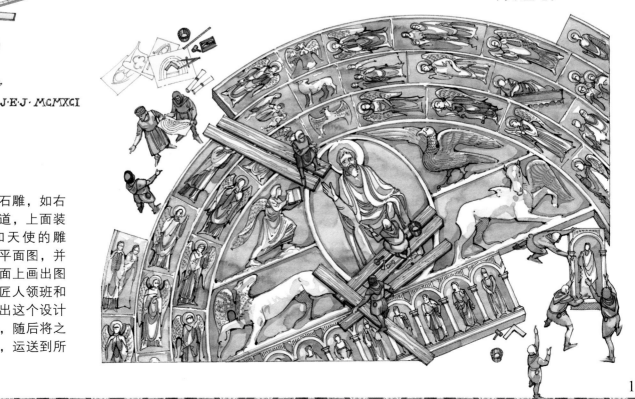

工匠的一天

框锯

搁凳

6点（天还黑着）起床，洗手洗脸，穿衣服。

6点30分 和家人一起吃早饭：面包、奶酪、脱脂牛奶、麦芽酒或苹果酒。

7点（太阳出来了）出发到镇里的大教堂工地上工。

7点30分 听从木匠领班的指挥，去取木料。

9点 从木料场取来用于雕刻的橡木木料。

10点 吃午饭：从厨师那儿拿到肉饼、薄烤饼、麦芽酒。

10点30分 继续工作，开始刨平木头，以便制造门框。

14点 被喊去帮忙把制成的唱诗班席座椅搬到大教堂里。

这些座椅在建筑工地的工棚里雕刻完成，随时可以搬运。

16点 唱诗班席座椅被放到了既定位置，付给木匠工钱的人感谢他。

18点（黄昏）该回家了；收拾好工具，锁进工棚内。

18点30分 回家吃晚饭：干豌豆汤、面包和麦芽酒。听家人讲小道消息和新闻。

19点30分 外面一阵骚动，附近的一所房子内发生了盗窃。布和白镴餐具被偷走了。

所有人都追了出去，希望能把盗贼抓住，可盗贼还是跑掉了，消失在黑乎乎的小巷里。

21点30分 邻居来串门，说守夜人抓住了那些盗贼。

比劳工高一级的是学徒，也就是正在学习一门手艺的男孩。学徒住在师傅的房子里，帮助师傅做各种工作，从而可以学到一门手艺。等到一个男孩的学徒期结束，就会成为"学徒期满的短工"，在认真工作的前提下，按日或按件赚取工钱。只有最好的短工才能成为技艺广受赞赏的大师傅。

建造一座中世纪大教堂可能需要数百年的时间，因此，建造大教堂的所有工匠就会到大教堂所在的镇子里定居下来。他们知道，他们永远有做不完的工作，也许他们的孩子和孙子也会在同一个工地上工作。中世纪的工匠从日出工作到日落，也就是说，到了夏天，他们的工作时间要延长。不过，相比现在大多数的工人，他们的假日也更多，比如宗教节日、圣人庆日和传统节日。

并非所有工匠都勤勤恳恳工作。施工现场的工头经常抱怨工人懒散和旷工。建造一座大教堂需要很多不同种类的工匠。处在最低层的是未经培训的劳工，他们做的是肮脏沉重的工作，只需体力就行。

J·E·J· MCMXCI

木匠的妻子也要整日忙碌。做饭、打扫、购物、清洗和修补衣物、还要纺细亚麻线去卖。

19

建造墙壁

大教堂的墙壁和立柱都是大型结构，往往要围住一片数百平方米的空间。虽然用石头建造，但它们并不如表面上看起来那么结实。一般情况下，墙壁和立柱由两层材料建成：外层是整齐的方形石料，被称为方石，这些石料被精心地组合在一起；此外还有内层，也就是填充料，即糙石、碎石和砂浆。短工和劳工负责准备内层填充料，而技艺精湛的石匠则负责凿刻方石的表面。石匠往往会在完工的石料上刻上他们自己的"石匠标志"，以此作为他们的"签名"。

大教堂的设计和装饰会在不同的世纪里出现重大变化，但是大多数大教堂的基础平面设计是不变的。保留至今的大教堂最早建于十世纪到十二世纪，建筑样式为罗马式，有低矮的立柱和沉重的圆拱。本书第17页底部精致的门道就是罗马式。十三世纪至十五世纪的大教堂则采用了较为轻质的建筑形式，一般被称为哥特式。这个时代的大教堂有着尖尖的顶拱、细长的柱子和高耸的屋顶，比如这里看到的法国的沙特尔大教堂中优美的结构。

一扇十三世纪的彩色玻璃窗户（21页右下图）上描绘的一幕，展示了石匠的工作情形。图画最右边的石匠戴着手套，以便保护拿凿子的手。石匠的模板和两脚规悬挂在头顶上，他们的三角板放在地上。

从一份十三世纪的手稿画可以看出石匠和其他匠人在工作中的情形（21页左上图）。画面最左边的人正在使用水平仪；在他下方，一个人用绞盘吊起一篮石料。在这幅画中央，一个石匠正在用锤线找平一块刚刚放在适当位置的石料，他的脚边摆放着一碗砂浆；而在他下方，一个技艺精湛的工匠正在雕刻立柱顶端的装饰。在这张画的最右边，一个搭架工站在梯子中间部分，在木柱上钻孔；一个木匠在他下方用斧子劈凿一根横梁。

对于建筑施工而言，脚手架的作用很大，往往在设计大教堂的同时就要设计出脚手架。

J·B·J·MCMXCI

飞拱

水槽、滴水嘴和屋顶

大教堂墙壁完工之后，就要安装屋顶，并且要使屋顶能防风雨。最早的大教堂屋顶都是由木头制成的，在条件允许的情况下，人们会建造石顶，由此降低火灾的风险。但石顶制造费用高昂，非常重，而且需要很长时间才能建成。在石顶的重压下，大教堂的墙壁会开始向外凸出，为了解决这个问题往往就需要建造数排石扶壁来支撑墙壁。这样一来，就又要投钱去买材料和雇佣人工。

然而，由于火灾隐患非常大，附近房舍散出的火星、无人注意的蜡烛、偶尔降下的闪电……都能引起火灾，所以尽管有一大堆问题随之而来，人们还是喜欢石顶。中世纪的建筑师还要顾及教堂高处着火时很难把大量的水运上去灭火这个问题——为了降低火灾的风险，建筑师在大教堂的墙壁内设计了特殊的楼梯和通道，从而让救火人员既快又容易地爬上屋顶。

不论用什么材料制造，大教堂的屋顶都需要覆盖一层防雨材料。首选是把薄薄的铅片接合在一起，制作成一整片防水表皮。不过铅很贵，因此陶土瓦和石板瓦有时就会成为替代选择。

人们使用被称为防雨板的长铅条来覆盖屋顶和墙壁之间的缝隙。防雨板的边缘会被向后弯曲，防止雨水渗进来。

防雨板

铅匠的工作（23页右下图）：首先，把铅锭（坚固的大铅块）制成铅片。加热铅锭使其熔化，把铅液倒进一个内衬沙子的水平槽里，等待铅液冷却。做好的铅片大约一米宽，几米长。虽然很重，可铅片易于弯曲，便于加工，而且可以接合在一起，组成大型铅片，覆盖整个屋顶，或者卷绕在木柱上，做成排水管和水槽。

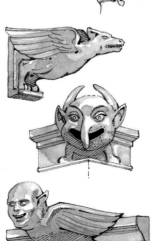

滴水嘴

要想把雨水从大教堂的高耸屋顶上排下来，需要水槽。水槽一般都隐藏在扶壁或小尖塔内。人们用滴水嘴把雨水倾泄出去，以免雨水顺着墙壁流下。石匠一般会把滴水嘴雕刻成怪兽和魔鬼的样子，有时候，石匠还会参照主教或匠人的样子雕刻滴水嘴。

水槽　小尖塔

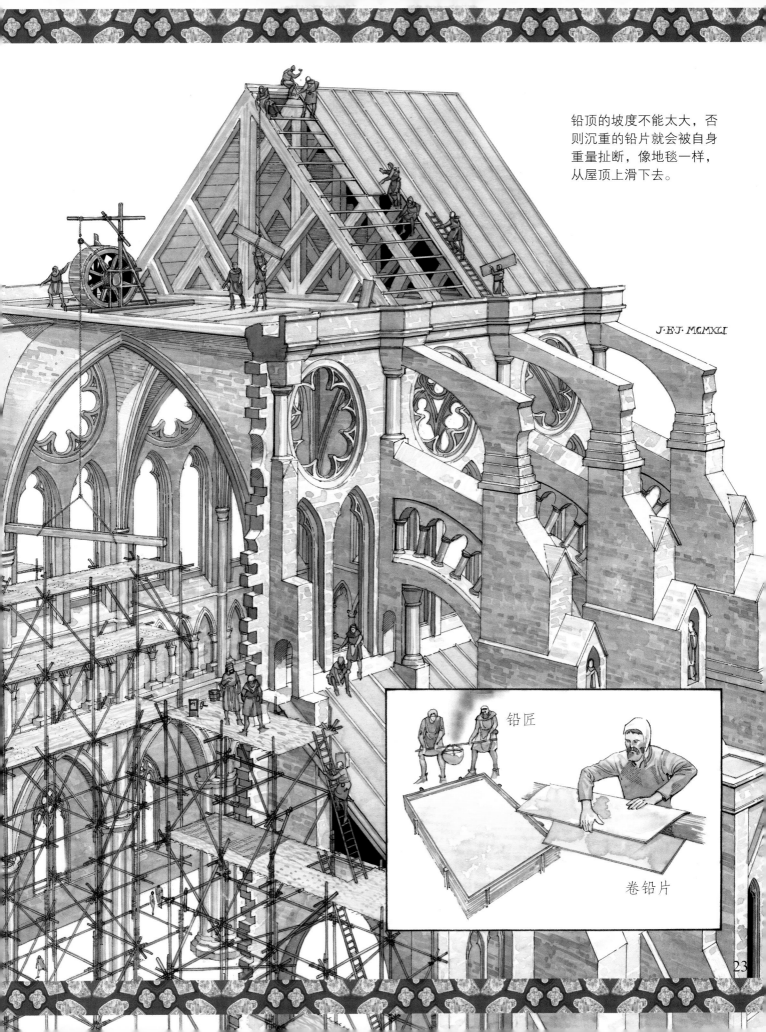

铅顶的坡度不能太大，否则沉重的铅片就会被自身重量扯断，像地毯一样，从屋顶上滑下去。

J·E·J· MCMXLI

铅匠

卷铅片

23

地面和拱顶

即便已经为中世纪大教堂安全地安装了屋顶，石匠和雕刻工匠依旧要装饰天花板，从而可以让教徒抬头观看和赞美。另外，工匠还要铺设大教堂的地面。

最早的屋顶就是简单的木椽，上面覆盖着石板瓦或瓷砖。随着建筑技艺的发展，筒形穹顶得到了使用。在筒形穹顶下，就像是走进了一条隧道，成排的半圆形拱门支撑着穹顶平滑的曲面。这样的屋顶可以用木板铺盖，也可以覆盖一层石膏，制成平直的天花板。后来，建筑师的志向越来越大，设计出了具有高耸石质穹顶的屋顶。石拱被制成了复杂的式样，纵横交错的肋架在立柱之间的空间内呈对角线延伸（这两页底部的四幅插图展示了石拱是怎样建造的）。随着时间的推移，肋架出现了更加精妙的式样。到了最后，大多数肋架拱都不再具有实际用途，而只是纯粹起到装饰作用。

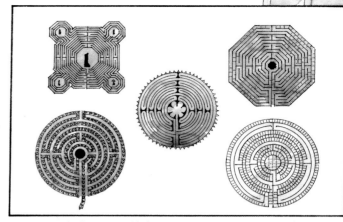

上图：五座中世纪大教堂地面的迷宫图设计。

下图：十一至十四世纪的窗户设计。

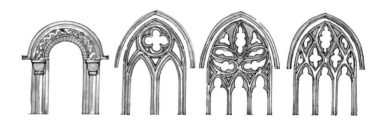

大教堂的地面装饰有带图案的地砖（下图），由黏土烧制而成，用色釉上色，画出图案。

肋架拱的建造步骤。首先，搭建木制框架（称为内框），并安放在合适的位置。

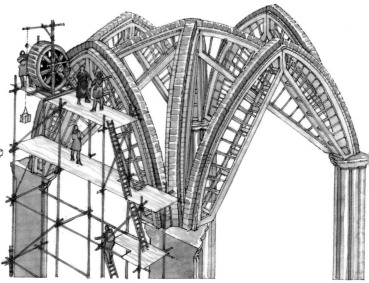

在立柱之上的空间，跨越中心点纵横交错建造石拱（肋架），制成一个结实且重量轻的骨架结构。

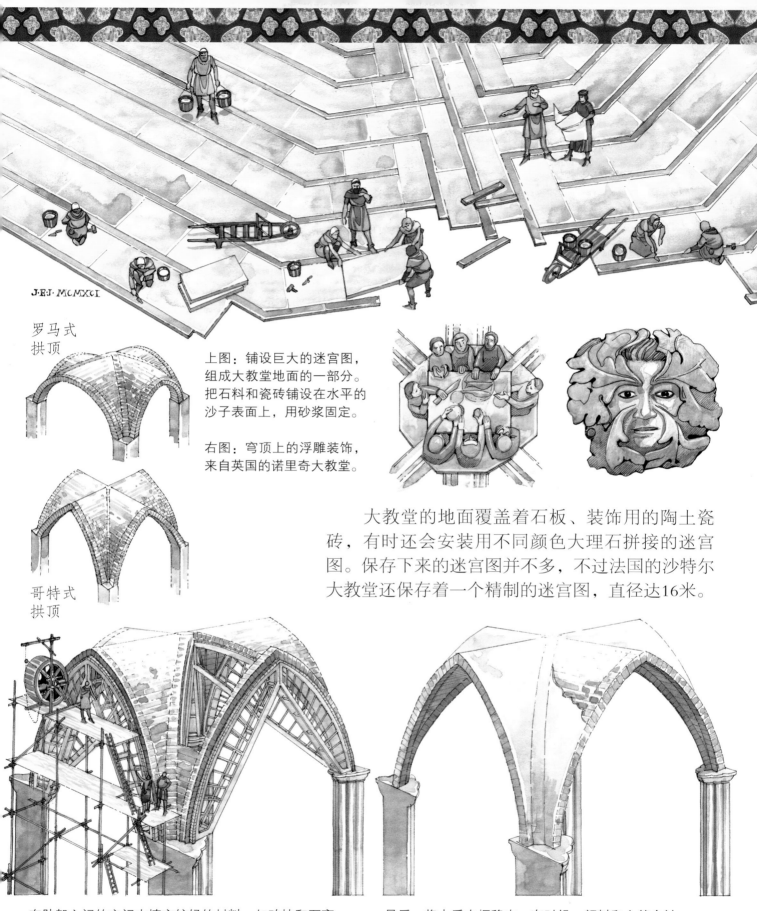

罗马式
拱顶

上图：铺设巨大的迷宫图，组成大教堂地面的一部分。把石料和瓷砖铺设在水平的沙子表面上，用砂浆固定。

右图：穹顶上的浮雕装饰，来自英国的诺里奇大教堂。

哥特式
拱顶

大教堂的地面覆盖着石板、装饰用的陶土瓷砖，有时还会安装用不同颜色大理石拼接的迷宫图。保存下来的迷宫图并不多，不过法国的沙特尔大教堂还保存着一个精制的迷宫图，直径达16米。

在肋架之间的空间内填充较轻的材料，如砖块和石膏。这些都是屋顶内部的覆盖物。

最后，将木质内框移走。有时候，颜料和金箔会被用于装饰砖块和石膏。

穷人的《圣经》

十五世纪，法国诗人弗朗索瓦·维庸用下面的诗句描绘他的母亲，一位贫穷的农妇，在步入村中装饰华美的教堂时可能产生的感受：

"我是个妇人，贫穷又衰老，

我不识字，无知又愚昧。

在村里的教堂，他们给我看，

一幅关于天堂的画作，里面还有竖琴，

还有一幅画关于地狱，罪孽深重的人饱受煮身之苦。

一幅画给我快乐，另一幅将我吓坏……"

直到中世纪后期，大多数普通百姓都看不懂也不明白教会宗教仪式使用的拉丁语。要了解教义，他们只能听布道，或看壁画、雕塑和彩色玻璃上描绘的圣徒生平和《圣经》里的故事。

中世纪大教堂使用的色彩亮丽的玻璃都是在大型城镇的专业作坊里制作的。把化学品和熔化的玻璃混合在一起，可以制造出色彩鲜艳的玻璃，再把不同的图案拼凑在一起，使用细铅条箍紧。在十四世纪，工匠发现可以使用特殊的银染色方法给玻璃上色，这样可以制造出更丰富的图案，也可以画出细节部分。

安装大型玫瑰花窗。这些引人注目的圆形窗户最先出现在十二世纪的法国，随后变得十分流行。这种圆形设计被认为是象征着一朵花的花瓣向着太阳开放。玫瑰花窗给了工匠一个展示技艺的机会，法国的沙特尔大教堂和英国的约克大教堂中的玫瑰花窗至今仍保存完好。

技艺精湛的工匠要花费很长时间才能完成彩色玻璃窗的制造。首先，把沙子、石灰和碳酸钾混合在一起熔化，制造玻璃。吹玻璃工匠把熔化的玻璃吹成圆柱形，然后将之切开，压平。制作玻璃的工匠要根据窗户的设计，把玻璃切割出大致的形状：他们用烧热的铁触碰玻璃，再倒上冷水，从而使玻璃沿着"热点"断裂开。接下来，工匠用一种烙铁把玻璃切割成较小的块状。再用一种特殊颜料刷在玻璃上，这种颜料遇热会融进玻璃中。利用有槽铅条把一块块玻璃固定在一起，再使用铅和锡的焊料把连接处固定。

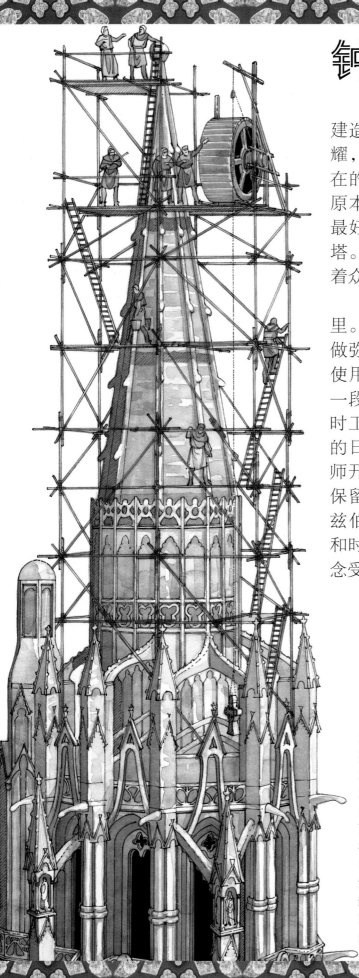

钟楼和尖塔

大教堂要修建得引人注目。首先，设计和建造大教堂的宗旨是为了给上帝献上光辉和荣耀，也给设计和建造大教堂的人以及大教堂所在的城镇带来名气和大笔的财富。要想让一座原本就十分宏伟的大教堂变得更加引人注目，最好的方式之一就是在大教堂上建造塔楼或尖塔。这些高耸的"手指"直指天堂，时刻提醒着众生，不要忘记上帝。

塔楼也具有实际用途，教堂的钟设在这里。钟声一响，便是在召唤信徒，该来教堂里做弥撒了。中世纪初期还没有机械钟表，人们使用带有特殊标记的蜡烛（每个小时都会烧掉一段特定的长度）来计时，使用更为普遍的计时工具是装满沙子的沙漏，以及安装在外墙上的日晷。不过，到了十三世纪，科学家和工程师开始设计机械装置来计时。目前认为，欧洲保留下来的最早的机械钟表是位于英国的索尔兹伯里大教堂内的钟表。在大教堂内安装大钟和时钟，是希望上帝可以宽恕人间的罪孽，纪念受爱戴的或著名的死者。

主教和城镇里的居民竞相建造最大和最美的大教堂。最高的中世纪尖塔在法国的斯特拉斯堡大教堂内。该尖塔大约有150米高（相当于现今的45层楼），在建成后的数百年中，一直是欧洲最高的建筑。十九世纪，人们使用新的铸铁在巴黎建造了埃菲尔铁塔，欧洲最高建筑的殊荣方才易主。

利用模具浇铸大钟（右下图）。首先，使用黏土制造大钟的实物大小模型（1）。涂上一层蜡（2），再用更多的黏土覆盖在上面，并留下一些通往外面的槽（3）。整体加热，蜡熔化后流走（4）。然后，把用来制作大钟的金属熔化，倒进模型中，流进蜡曾经所在的位置（5）。金属变硬后敲碎黏土模型。随后手工打磨钟面，完成制作（6）。

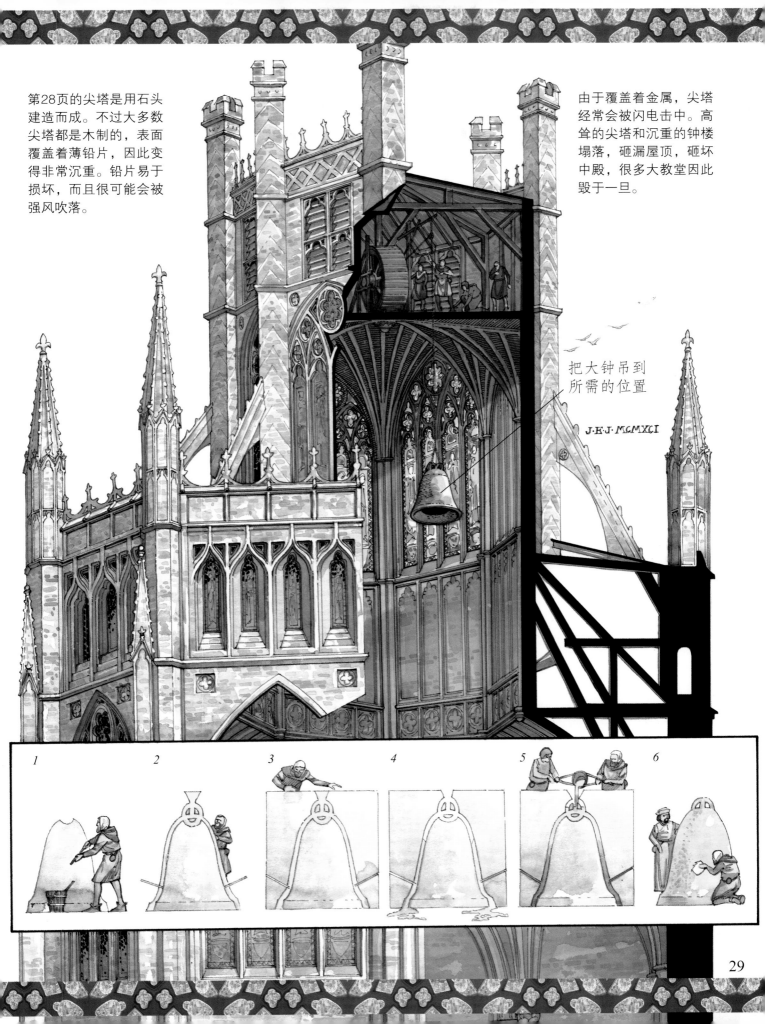

第28页的尖塔是用石头建造而成。不过大多数尖塔都是木制的，表面覆盖着薄铅片，因此变得非常沉重。铅片易于损坏，而且很可能会被强风吹落。

由于覆盖着金属，尖塔经常会被闪电击中。高耸的尖塔和沉重的钟楼塌落，砸漏屋顶，砸坏中殿，很多大教堂因此毁于一旦。

把大钟吊到所需的位置

J·F·J·MCMXCI

1   2   3   4   5   6

天堂美景

中世纪的教堂都装饰有壁画、雕刻品、雕塑和其他珍贵的饰物，从而让建筑更显壮美恢宏。与此同时，正如法国的圣德尼修道院院长阿伯特·苏歇在十二世纪初写的那样，装饰这些珍宝还有其他目的："展示给那些单纯的人，让他们必须相信"。教堂因黄金和珠宝而闪闪发光，因光线和色彩而熠熠生辉，充斥着焚香的香气，在"单纯的人"的眼里，往往就像是在教堂里预先体会到了天堂的滋味，至少像是去了中世纪的布道者们所描述的天堂。

中世纪的大教堂内有很多最华丽的珍宝，包括带有华丽刺绣的法衣、祭坛布、旗帜和壁挂。工匠、修道士和修女创作出了很多优秀的刺绣品。英国教会的刺绣品尤为出名。1066年，诺曼底公爵威廉入侵英国，他属下的一位贵族报告说，"英国的女人都是用针的巧匠"他高度赞扬了用丝绸和金线制成的华服，而这些衣服被出口到了整个欧洲。英国修道士托马斯·塞尔米斯顿于1419年去世，人们哀悼他，因为"他是一位刺绣大师，无人能望其项背"。

劈针绣是中世纪刺绣中最常见的针法之一。

主教和神父穿着的法衣一般都由妇女刺绣而成。

把挂毯和其他悬挂的刺绣物品铺平挂在架子上，支撑织物的重量，以便刺绣。

画匠会制作自己的绘画色料，他们使用研杵和研钵混合和研磨颜料。色彩来自粉末状的颜料，通常是矿物，如天青石（可以制造出很美的蓝色，但非常昂贵），或红丹。为了能够涂画，要把颜料和黏稠的液体溶剂混合在一起，有时候，这种溶剂中会包含蛋黄或用动物的蹄或角熬制的浆料。画上还会贴有纯金薄片，也就是金箔，使得画作更显奢华，光彩照人。

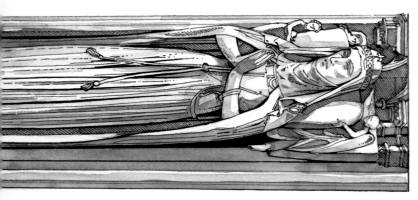

上图：萨福克公爵夫人爱丽丝（死于1475年）的雪花石膏陵墓雕像，真人大小。

右图：意大利那不勒斯王后玛丽·德瓦卢娃之墓，装饰华丽，于1330年左右雕刻。

神父和教徒

大教堂建筑庞大，需很长时间才能建造完成，因此，很多主教在任期间只能在巨大的建筑工地里主持宗教仪式和管理教区。中世纪的主教对辖区的教徒和建筑物负有怎样的责任呢？

中世纪的一位作者这样描述主教的职责："最重要的是祈祷；钻研书本、阅读和写作、教化和学习次之；随后是在适当的时候主持宗教仪式……布施；……监督工作……在公开会面的时候，他还要经常把基督教信仰的知识教给教徒……"在整个中世纪时期，主教的职责一直大同小异，而且和现今的也十分类似。

许多主教在政坛上也十分活跃，担任政府中的大臣职务，或是国王和王子的顾问。在中世纪的英国，主教会被召集到议会，坐在贵族院中。主教还要负责管理教区内的神父、修道士和修女；管理富有的教徒捐赠出来的众多地产，而这些人捐赠的目的就是帮助建造和维护教区内的大教堂。

1. 圣雷米大教堂修道院的巨型大烛台。
2. 用黄金和珠宝制成的宝盒，内装圣徒圣物。
3. 鸽子形状的金盒。
4. 镀金和青铜诵经台装饰物。

5. 象牙雕刻品，内容关于十字架上的耶稣。
6. 主教牧杖的顶部，由黄金和白银制成。
7. 玫瑰形饰物，由黄金、白银和珠宝制成，来自瑞士巴塞尔。
8. 列队行进中托举的十字架，银质，装饰有精致的瓷釉。
9. 一位女性画匠正在画自画像。

主教在主持弥撒或布道时身着华丽的法衣。最初这样做是出于对上帝的敬重，但有些主教也因为他们自身的权势和大教堂的恢宏气势而洋洋得意。

神父

主教

教皇

这位主教还戴了一顶尖尖的帽子，称为主教冠，手执一根很长的权杖，称为牧杖。牧杖的原型是牧人的曲柄牧羊棍，为的是提醒主教，要像牧人关心他的牧群一样，关心民众。主教的法衣、主教冠和牧杖往往都是由奢华贵重的材料制成，装饰有黄金、白银和珠宝。

33

朝圣者

在中世纪的欧洲，无论男女，都会长途跋涉去朝圣，拜祭埋葬圣徒或其他圣贤的坟墓。一些朝圣者会继续向远方跋涉，前往耶稣生活并死去的地方——圣地（耶路撒冷周边地区）。他们相信，像这样花时间去朝圣，有助于他们的罪孽得到宽恕，在死后进入天堂。虽然有时会很危险，但去朝圣相当于度过了一个愉快的长假。朝圣之路逐渐形成，有人在沿途开设了商店和旅馆。土匪和强盗会在荒无人烟的乡野伏击朝圣者，抢走他们的财物。

一位十二世纪的法国作家这样描述一群朝圣者出发时的情形："这一天天气晴朗，风和日丽。女孩子和小伙子都在吟诵诗歌，就连老人也唱起歌来。他们看来是那么喜气洋洋……甚至小鸟儿也在快乐地歌唱……在山坡上……厨师支起了帐篷……各种各样的美酒、面包和馅饼、水果和鲜鱼、肉卷、蛋糕和鹿肉……只要有钱，什么都可以买到。"

坎特伯雷大教堂

温彻斯特大教堂

兰斯大教堂

沙特尔大教堂

科隆大教堂

巴黎圣礼拜堂

巴黎圣母院

圣地亚哥大教堂

图卢兹的圣塞尔南大教堂

朝圣者

朝香袋

朝圣者的徽章

威尼斯圣马可
大教堂

长棍

J·E·J· MCMXCI

罗马老圣彼得
大教堂

········► 去耶路撒冷

朝圣者为朝圣之行穿戴合适的衣服。他们会携带衣服、干粮、钱和祈祷书，这些东西都放在一个小皮包里，这个小包被称为朝香袋。需要步行跋涉的朝圣者会拿着一根长棍，以帮助他们走过布满岩石的小路。他们有时候会在圣地附近的城镇里购买用金属或织物制成的小徽章，并把这些徽章缝在外衣上，证明他们确实去朝圣了。最受欢迎的朝圣地之一是西班牙孔波斯特拉的圣詹姆斯大教堂（或称圣地亚哥大教堂）。那里的徽章是一个扇贝壳。

在朝圣途中，朝圣者住在客栈或旅店里。画于十四世纪。

一些神父和传教士批评朝圣者过于享受。

圣骨匣

供有受欢迎的圣徒圣物（遗物）的大教堂必定会吸引大量的朝圣者。人们制造出镶嵌珠宝的精美展示柜，称为圣骨匣，来供奉圣徒的圣骨或其他圣物。

朝圣者出钱瞻仰这些圣物，若要触摸或亲吻，还要额外付钱。他们希望圣徒的祷告能帮助他们，或许还可以神奇地治愈一些致命疾病。

35

圣迹剧

一般而言，圣迹剧或神秘剧是一种和大教堂有关的娱乐形式。圣迹剧表演的是《圣经》里的故事，在教会年历中合适的节期演出，包含乔装扮演、歌唱和舞蹈。圣迹剧原本是特殊节日宗教仪式的一部分，修道士和神父负责表演全剧。970年左右，在英国的温彻斯特大教堂，修道士会合唱这样的复活节圣歌：

"今朝基督复生，哈利路亚！
壮狮复活，基督，神的儿子。
感谢神，带来这快乐的哭泣。"

后来到了中世纪，普通人开始在圣迹剧中扮演角色，而这些圣迹剧就在大教堂外面上演。一些教会领导人对此大加反对。例如沃丁顿的神父威廉于1300年左右在《罪恶手册》一书中写道："愚蠢的神职人员发明了另一件愚蠢透顶的荒唐事，他们把这称为'圣迹剧'。他们的脸上戴着面具……茶余饭后，他们让愚蠢的人们在城市的街道或墓地里聚集，这个时候那些傻瓜倒也乐意前来。即便他们声称这么做是出于好意，却无论如何也不能相信这是为了荣耀上帝，相反，这么做只能给魔鬼增添尊荣。"

象征着天堂和地狱的表演车

有人这样描述1565年表演圣迹剧时使用的一些道具和戏服："一只狮鹫（很像龙的怪兽）；一段红色肋骨；夏娃的两件外衣和两条染色紧身裤；亚当的一件染色外套和一条紧身裤；圣父的一个面具和一套假发；亚当和夏娃的两套假发。"

尽管演员经常都是无偿表演，但有时候他们也会因参加圣迹剧而得到丰厚的薪水，正如这份记录于1483年英国约克郡的支付记录中所写的那样："给吟游诗人6便士；给诺亚和他的妻子1先令6便士；给扮演上帝的罗伯特·布朗6便士。"

在整个欧洲，教会节庆中往往会有列队游行。比利时有圣血大游行，西班牙的教徒会庆祝基督圣体圣血节，法国人会在滨海圣玛丽节时列队行进。

列队行进过程中，教堂的神职人员会举着十字架、蜡烛和旗帜，通常还要表演耶稣的生平事迹，而唱诗班就跟在后面，演唱圣歌。普通人要么加入到队列之中，要么跪在路边，等待主教路过他们身边时为他们赐福。

修道院

全新的大教堂修建好之后，主教必须安排神父和其他神职人员管理大教堂（在中世纪，人们认为信教的女性并不适宜以此种方式参与公共生活）。要做的工作有很多：举行弥撒、组织游行和节日庆典、训练唱诗班、照料和保护珍贵物品。

还要有人去安排大教堂的清洁和修缮工作，妥善管理地产、安置财产。最重要的是，大教堂里还要有聪明和富于同情心的人为访客和教徒提供精神上的帮助和引导。

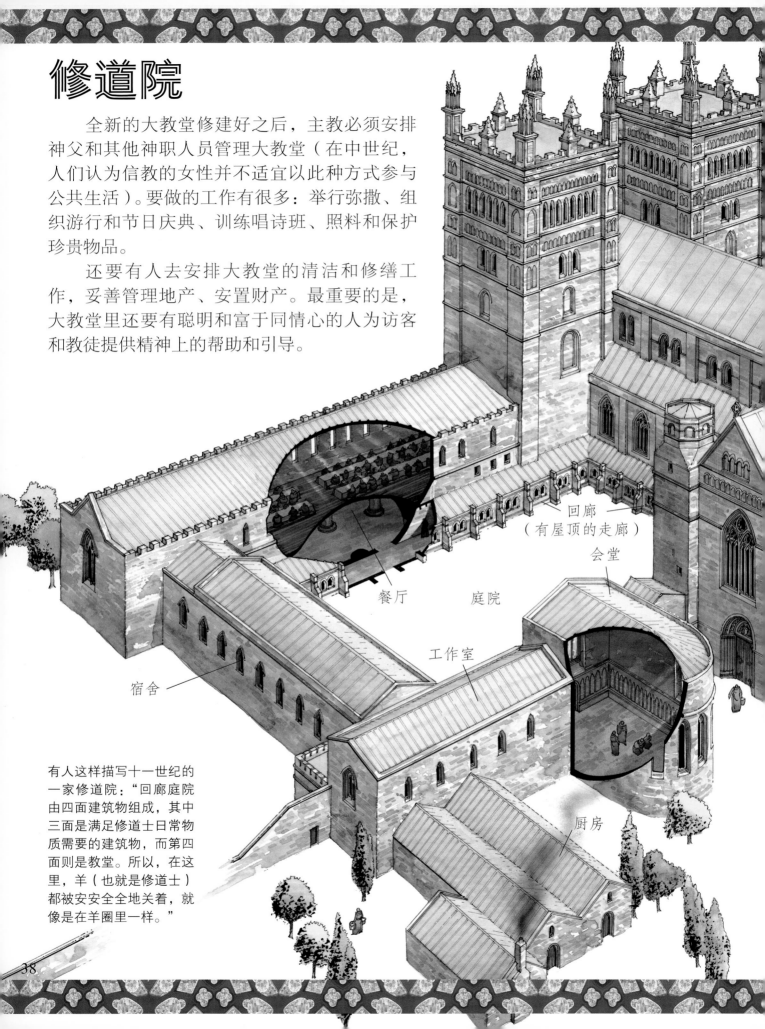

有人这样描写十一世纪的一家修道院："回廊庭院由四面建筑物组成，其中三面是满足修道士日常物质需要的建筑物，而第四面则是教堂。所以，在这里，羊（也就是修道士）都被安安全全地关着，就像是在羊圈里一样。"

回廊
（有屋顶的走廊）

会堂

餐厅　　庭院

工作室

宿舍

厨房

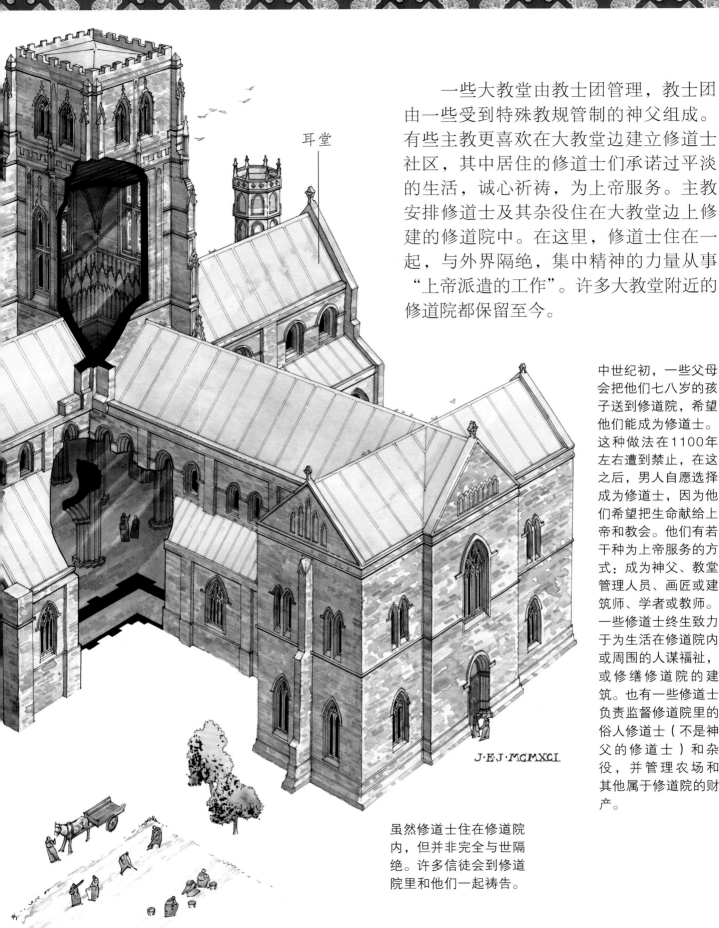

一些大教堂由教士团管理，教士团由一些受到特殊教规管制的神父组成。有些主教更喜欢在大教堂边建立修道士社区，其中居住的修道士们承诺过平淡的生活，诚心祈祷，为上帝服务。主教安排修道士及其杂役住在大教堂边上修建的修道院中。在这里，修道士住在一起，与外界隔绝，集中精神的力量从事"上帝派遣的工作"。许多大教堂附近的修道院都保留至今。

耳堂

J·E·J·MCMXCI

中世纪初，一些父母会把他们七八岁的孩子送到修道院，希望他们能成为修道士。这种做法在1100年左右遭到禁止，在这之后，男人自愿选择成为修道士，因为他们希望把生命献给上帝和教会。他们有若干种为上帝服务的方式：成为神父、教堂管理人员、画匠或建筑师、学者或教师。一些修道士终生致力于为生活在修道院内或周围的人谋福祉，或修缮修道院的建筑。也有一些修道士负责监督修道院里的俗人修道士（不是神父的修道士）和杂役，并管理农场和其他属于修道院的财产。

虽然修道士住在修道院内，但并非完全与世隔绝。许多信徒会到修道院里和他们一起祷告。

39

修道士的一天

凌晨1点—2点 做第一次祷告。

凌晨3点 回到床上再睡几个小时。

清晨6点 起床洗漱，到教堂里做祷告。

7点 吃早饭：面包、奶酪、麦芽酒或苹果酒。

7点30分—9点 到修道院的园地里工作。

9点 回到教堂继续做祷告

10点 吃正餐：鱼、面包、鸡蛋和蔬菜。

10点30分—12点 打扫修道院。

中午12点 在教堂里做正午祷告。

13点—18点 继续工作，写作或学习。

18点 在教堂里做晚祷告。

18点30分 吃晚餐（汤），随后是安静的休息和放松。

客人经常会来和修道士交流，或一起喝东西，演奏音乐。

20点 回到教堂，做当日的最后一次祷告。

20点30分 回到和其他修道士共住的宿舍里上床休息。

中世纪的许多主教都是从做学者开始，一步步成为主教的。他们经常邀请其他学者来他们的大教堂研究或讲道。许多大教堂都在附近的修道院里供养着许多学者。住在众多大教堂修道院中的数千名修道士都要遵从《圣本笃规则》，来安排他们生活中的一言一行。根据这一规则，修道士应该用他们的时间来做有益处的工作和祈祷。一般来说，这里的"工作"是指学习、写作或教化。

一些大教堂的修道院渐渐发展成为大型书籍制造中心，在这里，修道士们抄写《圣经》和《诗篇》，并在其中加入图画，美轮美奂，然后在大教堂的宗教仪式和单独祈祷时使用。某些修道院因为收藏有重要的宗教书籍而闻名于世。举例来说，英国的赫里福德大教堂至今依然保存着规模庞大的中世纪链式藏书室。使用沉重的铁链把书籍固定在墙上，以免被小偷偷走，或被心不在焉的学者拿走。像这样的预防措施很有必要，因为所有中世纪的书籍都非常珍贵。由于中世纪的书籍都是手写的，而且全部是手工装订，所以副本并不多。单单是制作一本书，就要花费数百个小时的辛苦工作才能完成。

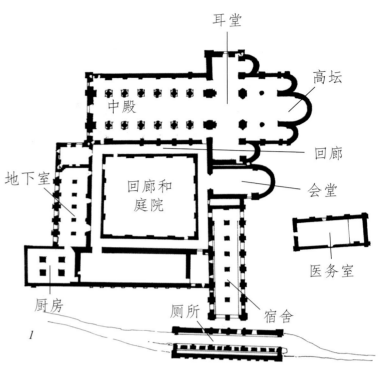

1

2

3

J·E·J· MCMXCI

1.一座典型的中世纪修道院平面图。
2.一位正在画画的修道士，出自一份手稿。一些修道士和修女是非常优秀的插图画匠。
3.一幅精致的手稿插图。
4.有钱人家的父母把孩子送去接受修道士和修女的教育：男孩子去修道院，女孩子去女修道院。修道士教孩子们读写拉丁文。

4

过去与现在

虽然一般认为中世纪是修建大教堂的黄金时代，但是一直到今天，主教和他们的宗教团体一直都在策划和筹款，建造宏伟的大教堂。较早的大教堂都已完工，进行了扩建。有的教堂，像英国的约克大教堂和考文垂大教堂，在战争或自然灾害中被损坏后，也都进行了精心重建。

人们为什么要继续建一座又一座的大教堂？无论男女，他们为什么要献身于这样浩大又耗时的工程呢？他们的理由和中世纪的主教及赞助人并没有太大的差别：建造大教堂是为了将荣耀献给上帝，让人们关注教会的基督教要旨。毫无疑问，时至今日他们仍希望有机会建造出精良、坚固和宏伟的建筑。

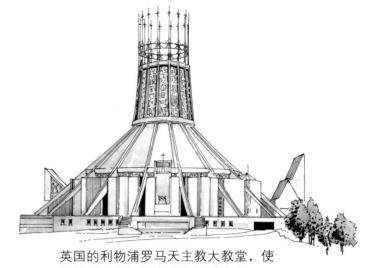

英国的利物浦罗马天主教大教堂，使用混凝土和钢材等现代材料建成。

法国的兰斯大教堂。在大教堂塔楼建到一半时，修建工程曾停止。

俄罗斯的莫斯科瓦西里升天大教堂，建于1555—1560年，为典型的俄式风格。

西班牙巴塞罗那圣家族大教堂，1882年动工，至今尚未完工。

德国的科隆大教堂，这座教堂建于中世纪，一个尖塔建于十九世纪。

意大利的米兰大教堂，这是一座令人印象深刻的白色大理石建筑。

上图：华盛顿国家大教堂的滴水嘴，表现的是一位工匠。

左图：华盛顿国家大教堂"宇宙之窗"。

美国的华盛顿国家大教堂，二十世纪建成，中世纪哥特样式，使用传统建造工艺。

最重要的是，在一个未来看似毫无把握、没有任何事物能够永恒存在的时代里，现代大教堂的建造者是在做一份信仰宣言。与那些在中世纪建造大教堂的建筑师和工匠一样，他们建造大教堂的目的不仅是为了当下，还为了未来，或许，还为了永恒。

下图：美国的纽约圣约翰神明大教堂。1892年动工，至今仍未完工，因为钱都被用来帮助教区内的穷人和需要帮助的人了。

大教堂的资料和建筑形式

威尼斯圣马可大教堂的钟楼整整存在了一千年。902年，地基奠定完成，1902年，钟楼忽然轰然倒塌。

中世纪，大教堂和大教堂里的修道士因为慈善布施而闻名于世。举例来说，在英国的诺里奇大教堂，救济品分发人员每年要分发出一万多条面包。所谓救济品分发人员，就是一位身负特殊职责、帮助穷人和病人的修道士。诺里奇大教堂的修道院厨房每个星期要用掉一万个鸡蛋，即便中世纪的鸡蛋比现在的鸡蛋可能小得多，可每个星期用掉这么多鸡蛋，仍然是一个惊人的数量！

1239年，林肯大教堂的塔楼在人们在教堂内进行宗教仪式的时候轰然倒塌。三人丧生，多人受伤。所以也就难怪林肯大教堂的一篇祷告文里有这样的字句："亲爱的主啊，请在今夜支撑我们的屋顶，不要让屋顶砸落在我们身上，使我们窒息而死，阿门。"

建造雄伟的中世纪大教堂，需要使用大量建筑材料。举例来说，仅为建造一座塔楼，如伊利大教堂的"灯塔"，就用掉了400吨木料和铅料。

建造大教堂花费巨大。为了筹款于1507年建造罗马圣彼得大教堂，教皇乌尔班发行赎罪券，只要捐款建造大教堂，罪孽就可得到宽恕。

十三世纪是建造大教堂的黄金时代：在1220年，开始建造的大教堂就不少于三座：法国的亚眠大教堂、英国的索尔兹伯里大教堂和比利时的布鲁塞尔大教堂。

耶路撒冷的圆顶清真寺是世界上唯一的三大宗教共同的圣地。最初建造时是一座犹太教堂，后来成为基督教大教堂，现在则是伊斯兰教的清真寺。

873年至1248年间，坐落在德国的科隆大教堂所在场地上的是一座小教堂。现在的科隆大教堂可以追溯到1248年。然而，大教堂的尖塔是在十九世纪后加上去的。工人按照中世纪的建筑师绘制的设计图建造了尖塔，这张设计图保存了将近400年而未曾受损。

意大利佛罗伦萨的圣母百花大教堂在建造巨大穹顶的过程中，大教堂的建筑师布鲁内列斯基甚至在穹顶内设立了临时餐馆和酒馆，这样石匠就不必在午饭时间耗费体力上上下下了。

第一座俄式大教堂建于1050年，即诺夫哥罗德圣索菲亚大教堂。

在盎格鲁–萨克逊时代，一位修道士编年史家根据坎特伯雷大教堂保存圣物的神圣程度和神赐的力量，列出了一份恐怖的清单。这份清单的第一项是每天祷告时都会用到的一个圣坛："神圣主教埃夫爵曾庄严地把圣斯威森的头颅摆放在这个圣坛里……其他圣徒的很多圣骨也都被放在这里。"这份清单的最后一项是"圣女埃斯特罗伯塔"的头颅。

伦敦圣保罗大教堂曾两度被烧毁和重建。第一次大火发生在1087年，第二次在1666年。

早期简单的大教堂

罗马老圣彼得大教堂

威尼斯圣马可大教堂

圣地亚哥大教堂

图卢兹的
圣塞尔南
大教堂

大教堂的建筑形式在不同的世纪有不同的变化，从初期的建筑规模小、样式简单，渐渐发展到后来高耸宏伟的建筑。在这一页中，你可以看到一些大教堂建筑的范例，从中可以了解到随着时间的变化，中世纪大教堂的形状、大小和设计是如何发展的。

最早的大教堂结构简单，选用当地的建筑材料建造，比如木料或石料。通常人们会在矩形小教堂边上建造一个半圆形后殿，用来放置主教宝座。不久之后，富有的主教就拓展了大教堂的建筑，增加了塔楼、门廊和其他附属建筑。从这幅意大利罗马老圣彼得大教堂的图画就能看出。这座大教堂从四世纪动工修建，在随后的几个世纪里，这座大教堂得到了多次扩建。

其他早期大教堂都受到了当地建筑风格的影响。例如，意大利威尼斯的圣马可大教堂在九世纪建造完成，是拜占庭式风格，建筑师模仿了其在东部地中海国家见过的各种教堂样式。

罗马式大教堂，如西班牙圣地亚哥大教堂和法国南部图卢兹的圣塞尔南大教堂（二者均建造于十一世纪），也比早期大教堂的简单式样复杂得多，使用了巨大的立柱和沉重的拱形结构，让大教堂建筑更

沙特尔大教堂

巴黎圣母院

兰斯大教堂

坎特伯雷
大教堂

科隆大教堂

显气势磅礴、坚实稳固。人们在圣地亚哥大教堂的西端建造了高耸的塔楼，从而形成了一个令人印象深刻的入口。

到了十二世纪末和十三世纪初，大教堂建筑师开始在建造大教堂时尝试使用全新的建筑式样和技艺。在最早的哥特式大教堂沙特尔大教堂和巴黎圣母院（二者都在法国）中，罗马式的圆拱结构和沉重的立柱不见了，取而代之的是更高更细的立柱和尖拱。窗户变得更大，屋顶也更高，有了空间可以安装亮丽的彩色玻璃。

这种精美的新哥特式在十三世纪的大教堂中得到了进一步发展，比如兰斯大教堂，这个时期的大教堂因其轻巧和典雅的设计给人们留下了深刻印象。到了十四和十五世纪，哥特式建筑变得精巧、极其复杂、使人眼花缭乱，从著名的中世纪晚期坎特伯雷大教堂和科隆大教堂的精美石雕装饰便可见一斑。

术语

侧廊：从教堂中殿两侧延伸出来的建筑，和中殿的长度相等。

布施：把财物等施舍给人。

祭坛：在大教堂中，祭坛通常是一张由石头制成的桌子，上面覆盖着装饰华丽的织物，主教和神父在祭坛边上主持教会的宗教仪式，即弥撒。大教堂内会有几座祭坛，有些放置在单独的小圣堂内，用来供奉圣徒的圣物。最重要的祭坛被称为高坛，而大教堂内最神圣的区域就是高坛周围的空间。

半圆形后殿：教堂东端的半圆形建筑，一般都在高坛后面。

拱廊：一排拱门，由立柱支撑。

方石：被精心切割整齐的大块石料。

扶壁：为了避免墙壁向外倒塌而在墙外竖起的支撑物。

拜占庭式：这个词用来形容起源于拜占庭帝国的人、物、艺术设计和建筑式样。在中世纪，这个强大的帝国统治着现今的希腊、土耳其和周边地区。

主教宝座（cathedra）：这是一个希腊语词汇，意思是"宝座"。大教堂（cathedral）就来源于这个希腊词汇，因为每座大教堂里都有一个主教宝座。

唱诗班席：大教堂中距离高坛最近的区域。在举行宗教仪式的时候，包括主教在内的大教堂神职人员都站在唱诗班席里。

教区：由主教负责照料和管理的区域。

飞拱：狭窄且雅致的扶壁，呈半拱形。

滴水嘴：放水口，其作用是避免雨水顺着大教堂墙壁流下。滴水嘴经常被雕刻成为怪兽形状，或带有怪异和滑稽脸孔的人。

圣地：耶路撒冷及周边区域。因耶稣曾在这里生活和死去，所以教徒把这里奉为圣地。

赎罪券：通过付钱给教会，赎免自己的罪孽。通常这些钱都被用在正途，比如帮助穷人或建造新的大教堂。

砂浆：沙子、生石灰和水的混合物，涂抹在建筑物的石料中间，将其固定在一起。砂浆干后变硬，但随着时间的推移会变成碎屑，有时需要修缮。

中殿：教堂的主体，从唱诗班席向西延伸。普通教徒或站或跪在中殿里，参加教堂的宗教仪式。

祈祷室：人们做祷告的地方。

羊皮纸：经过特殊处理的绵羊或山羊皮，在中世纪纸张普及之前，人们用羊皮纸书写。

门廊：小型建筑结构，位于门口，在神职人员和教徒进出大教堂时为他们挡风遮雨。

《诗篇》：赞美诗集。赞美诗是赞美上帝的圣歌和圣诗，由大卫王在数千年前创作而成。《诗篇》是《圣经·旧约》的一部分。

生石灰：一种钙化合物，用来制造砂浆。遇水释放热量，并且很快会变硬。

圣物：圣人的遗留物，一般包括骨骼、须发或衣物。中世纪教徒敬畏的其他圣物还包括耶稣被钉的十字架碎片，他被钉上十字架时头戴的荆棘冠上的荆棘等。圣物本身并不受人崇拜，只是用它们来帮助人们记住基督教的要旨，并且使人们受到圣徒生平事迹的鼓舞。

圣骨匣：用来装圣物的容器，一般由黄金和白银制成，并装饰有珍贵的宝石。

肋架拱顶：精美的石制品，用来装饰教堂穹顶的内部。

玫瑰花窗：巨大的圆形窗户，安装有亮丽的彩色玻璃。

尖塔：又高又尖的建筑结构，位于大教堂塔楼的顶端，顶上往往设有金风标或十字架。

耳堂：教堂向侧面延伸的建筑结构，通常建在中殿和唱诗班席相交处。在设计图中，教堂的主体和耳堂呈十字形。

拱顶：教堂屋顶的拱形内部。可以覆盖石雕、木板或石膏。大教堂的屋顶下部一般都装饰有画作、雕刻或金箔和银箔。

索引

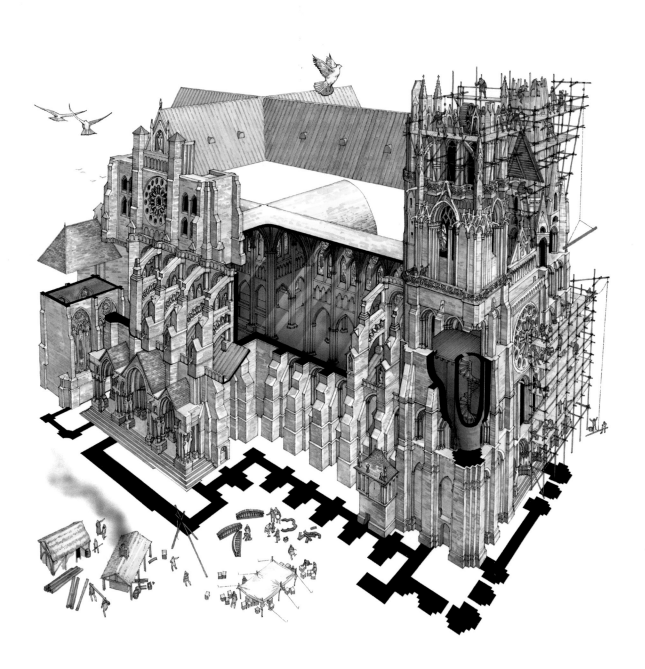